BEI GRIN MACHT SICH IHR WISSEN BEZAHLT

- Wir veröffentlichen Ihre Hausarbeit, Bachelor- und Masterarbeit

- Ihr eigenes eBook und Buch - weltweit in allen wichtigen Shops

- Verdienen Sie an jedem Verkauf

Jetzt bei www.GRIN.com hochladen
und kostenlos publizieren

Der Vergleich von Flächen (Mathematik, 6. Klasse)

Peer-Magnus Dunker

Bibliografische Information der Deutschen Nationalbibliothek:

Die Deutsche Nationalbibliothek verzeichnet diese Publikation in der Deutschen Nationalbibliografie; detaillierte bibliografische Daten sind im Internet über http://dnb.d-nb.de abrufbar.

ISBN: 9783668400344
Dieses Buch ist auch als E-Book erhältlich.

Druck und Bindung: Books on Demand GmbH, Norderstedt Germany
Gedruckt auf säurefreiem Papier aus verantwortungsvollen Quellen

Das vorliegende Werk wurde sorgfältig erarbeitet. Dennoch übernehmen Autoren und Verlag für die Richtigkeit von Angaben, Hinweisen, Links und Ratschlägen sowie eventuelle Druckfehler keine Haftung.

Das Buch bei GRIN: https://www.grin.com/document/353836

Landesinstitut für Schule – Bremen

Hauptseminar 31

Unterrichtsentwurf anlässlich unterrichtspraktischen Prüfung § 18 im Fach Mathematik von

Peer-Magnus Dunker

Thema der Unterrichtseinheit: **Erfassen ebener Strukturen – die operative und rechnerische Bestimmung Umfängen und Flächeninhalten von Vielecken**

Thema der Unterrichtssequenz: **Bestimmung von Flächeninhalten**

Thema der Unterrichtsstunde: **Der Vergleich von Flächen**

Schule: Oberschule

Prüfungskommission:

Vorsitzende: Frau

Fachleitung Mathematik: Herr

Fachleitung BW: Frau Dr.

Schulleitung: Herr

Mentor: Frau

Referendarin nach § 15: Frau

Fach: Mathematik

Klasse: 6c

Datum, Zeit: 16.11.2016, 8:50 Uhr - 9:35 Uhr

Gliederung

1. Angaben zur Lerngruppe und zur Unterrichtssituation

1.1 Rahmenbedingungen

Seit Beginn meines Referendariats unterrichte ich an der Oberschule ████████ diese Lerngruppe in Mathematik sowie in der fünften Jahrgangsstufe in Sport. In Jahrgang 6 sind drei Stunden Mathematik sowie eine fachbezogene Wochenplanstunde vorgesehen. Die Lerngruppe besteht aus 10 Schülerinnen und 13 Schülern, die zwischen 11 und 13 Jahren alt sind. Die Schülerschaft setzt sich aus Schülerinnen und Schülern[1] der ████████ Einzugsgebiete ████████ ████████ ████████ und dem Viertel zusammen, was eine große Vielfalt an kulturellen, religiösen und sozialen Unterschieden mit sich bringt. Der reguläre Unterricht findet montags in der ersten und freitags in den ersten beiden Stunden statt. Die Wochenplanstunde liegt donnerstags in der ersten Stunde.

Durch den Unterricht in Klassenstufe 5 hat sich ein respektvoller Umgang gegenüber der Lehrkraft entwickelt. Dieses respektvolle Miteinander wird zeitweilig durch Streitereien unterbrochen. Ein Grund hierfür könnte die einsetzende Pubertät sein.

Der Klassenraum Nr. 107 ist hell und geräumig und verfügt über ein aufklappbares Whiteboard. Weiter verfügt der Raum über einen Internetzugang, der von einem PC genutzt werden kann. Über einen am Whiteboard befestigten Beamer, der mit dem PC verbunden ist, können Tafelbilder an das Board projiziert werden.

1.2 Kompetenzorientierte Lern- und Arbeitsvoraussetzungen

1.2.1 Personale und Soziale Kompetenz

Die Lerngruppe setzt sich aus 12 recht leistungsstarken SuS, 5 Lernenden, die sich im mittleren Leistungssegment aufhalten sowie 6 leistungsschwächeren, die zum Teil über deutliche Defizite verfügen, zusammen. Es gilt die unterschiedlichen Leistungsniveaus zu berücksichtigen und differenziertes Material zur Verfügung zu stellen. Es handelt sich um eine Lerngruppe, die noch nicht lange zusammenarbeitet, daher muss am Teamgedanken noch gearbeitet werden.

Die Mehrzahl der SuS zeigen bereits jetzt im sechsten Schuljahr ein ausgebildetes Sozialbewusstsein. Einige sind sogar schon so weit, dass sie bereit sind, ihren Mitschülerinnen und Mitschülern Hilfestellungen zu geben. Insbesondere die leistungsstarken Schülerinnen, wie ████ ████ und ████ können als Experten gewinnbringend in den Unterricht mit einbezogen werden. Bei den Jungen sind es ████ ████ und ████ die von SuS angesprochen werden können. Die Qualität der Unterstützung hängt bei diesen Schülern jedoch von dem Fragenden ab. So lassen sich auch immer wieder Spannungen zwischen einzelnen SuS feststellen. Dem wird durch direktes Ansprechen sowie mit der Veränderung der Sitzordnung entgegengewirkt. Auch Team- und Gruppenarbeiten über einen längeren Zeitraum könnte das Verhalten nachhaltig verbessern.

1.2.2 Methodische Kompetenzen

Da diese Lerngruppe erst seit Beginn des letzten Schuljahres existiert und es noch recht junge Lerner sind, müssen sie noch eine Vielzahl an Methodenkompetenzen entwickeln. Die ersten Versuche zur Partnerarbeit im Mathematikunterricht haben bisher gezeigt, dass die Lerngruppe sich in diesem Methodenbereich noch entwickeln muss. Hierzu müssen sich die SuS noch eine Basis im Bereich Partnergespräch aneignen. Weiter könnten die leistungsstärksten SuS als Helfer eingebunden werden, wenn diese in der Bearbeitung ihrer Arbeitsaufträge bereits fortgeschritten sind. So ist die Verwendung von Rollenkarten innerhalb der Gruppenarbeitsphasen eine Maßnahme, SuS mit dem Tragen von Verantwortung gegenüber der Gruppe aber auch dem Ergebnis zu konfrontieren.

1.2.3 Fachkompetenzen

Die zu unterrichtende Lerngruppe des sechsten Jahrganges bewegt sich insgesamt auf einem gehobenen Leistungsniveau. Dies bringt allerdings auch mit sich, dass die Leistungsspanne zwischen lernschwachen und

---
[1] Aus Gründen der besseren Lesbarkeit wird „Schülerinnen und Schüler" mit „SuS" abgekürzt.

starken SuS zum Teil gravierend ist. Leistungsschwächere werden daher mit differenzierten Material gefördert um sie somit auch in ihrem Lerntempo zu unterstützen. Die SuS arbeiten an Pflichtaufgaben in zwei Niveaustufen. Leistungsstarke SuS bekommen zudem sogenannte Knobelaufgaben. Zudem werden zu Aufgaben vereinzelt Tippkarten angeboten. Die Lernenden verfügen durch bereits behandelten Themenbereiche (wie Parallelen und Senkrechten) Kompetenzen im Umgang mit dem Geodreieck. Zudem ist wird stets angestrebt, dass die SuS in der Verwendung der jeweils themengebundenen Fachbegriffe geschult werden. Dies kann durch Wiederholung oder durch Berichtigung der Wortmeldung durch MitschülerInnen oder beim Stellen von Verständnisfragen geschähen. Daher können die sprachlichen Kompetenzen ebenfalls unter diesem Abschnitt angeführt werden.

1.3 Interaktionsbeziehung

Die SuS begegnen sich überwiegend mit Respekt und zeigen ein entsprechendes Verhalten gegenüber der Lehrkraft. Die SuS ▮▮▮▮▮ ▮▮▮▮▮ ▮▮▮▮▮ ▮▮▮▮▮ und ▮▮▮▮▮ müssen häufig zum Arbeiten animiert werden. Ein konsequentes Auftreten und ein transparenter Umgang mit Störungen sind dementsprechend unverzichtbar. Es wird demzufolge auf das Einhalten von Regeln bestanden. Insgesamt herrscht ein angenehmes Unterrichtsklima, dass lediglich durch einen hohen Lärmpegel gestört wird. Die Lehrkräfte der Lerngruppe sind im ständigen Austausch über den Aufbau von Verhaltensregeln und Ritualen. Da es sich bei der Lerngruppe um recht junge Lerner handelt, ist es ohne feste Regeln und Rituale schwierig, ein konstruktives Arbeitslima zu schaffen. Ein Kopfrechentraining, welches häufiger zum Einsatz kommt, dient als kurze Konzentrationsphase und soll die SuS auf den Mathematikunterricht vorbereiten.

2 Einordnung des Themas in die curriculare Vorgabe

Am Ende der Jahrgangsstufe 6 sollen die SuS Grundvorstellungen zum Verhältnis zwischen Flächenumfang und Flächeninhalt erlangen und elementare mathematische Regeln und Verfahren zum Lösen von Alltagsproblemen erlernen. (vgl. Bildungsplan 2010. S.10f.). Im Themenfeld Geometrie ist im Bereich „Messen" das Messen und Berechnen von Umfang und Flächeninhalten von Quadraten und Rechtecken vorgesehen (vgl. Bildungsplan 2010. S. 17). Die vorliegende Stunde stellt eine Hinführung zur genannten Kompetenz dar.

2.1 Tabellarische Sequenzübersicht

Unterrichtseinheit: Erfassen ebener Strukturen – die operative und rechnerische Bestimmung Umfängen und Flächeninhalten von Vielecken			
Sequenzen	Funktion	Stundeninhalt	Datum
Stunde 1	Erkunden	Einführung in das Thema Vielecke	31.10.2016
Stunde 2	Vertiefung	Konstruktion von Vielecken	03.11.2016
Stunde 3	Wiederholung	Ordnung der gemachten Erfahrungen	04.11.2016
Stunde 4	Vernetzung	Konstruktion von Vielecken und deren Umfangsbestimmung	04.11.2016
Stunde 5	Vertiefung	Wir arbeiten an verschiedenen Bespielen	07.11.2016
Stunde 6	**Erkunden**	**Bestimmung von Flächeninhalten**	**16.11.2016**
Stunde 7	Vertiefung	Wir arbeiten an Beispielen	18.11.2016
Stunde 8	Vernetzung	Vergleiche von Umfängen und Flächeninhalten von Vielecken	18.11.2016

3 Sachanalyse

Flächen und Flächeninhalt gehören zu dem mathematischen Bereich der *Planimetrie*. Planimetrie (griech. Feldmessung) ist eine Teildisziplin der Geometrie. In der Planimetrie wird eine Ebene als gegeben vorausgesetzt. Untersuchungen und metrische Problemstellungen werden im Allgemeinen in dieser Ebene durchgeführt, insbesondere die Vermessung von Flächen. Eine Ebene ist ein zweidimensionaler Raum. In der Geometrie wird dies in der Regel mit der euklidischen Ebene bezeichnet. Sie verfügt über zwei Dimensionen: die Länge und die

Breite. Eine Fläche wird durch Linien begrenzt. [2] Die Größe einer Fläche wird durch das Maß Flächeninhalt bestimmt. Das grundlegende Flächenmaß ist das Quadratmeter (m²) und wird definiert als die Fläche eines Quadrats von der Seitenlänge 1m, bei der die zwei Längenmaße multipliziert werden. Der Inhalt eines Flächenstücks wird mit A [griech. areal] bezeichnet. [3]

Ein Rechteck ist ein *Polygon* (Vieleck) mit vier Ecken. Ein Viereck entsteht, wenn vier verschiedene Punkte A, B, C, D einer Ebene durch vier verschiedene Strecken miteinander verbunden werden. Dabei dürfen maximal zwei Punkte auf einer Geraden liegen. Ein Viereck, bei dem immer zwei Punkte im Innern verbunden werden können und die Verbindungsstrecke ein Element der Fläche bleibt, nennt man konvex. [4]

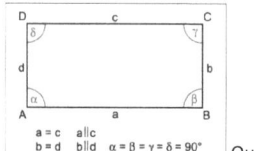

Quelle: Nitschke

Ein Rechteck besitzt zwei Symmetrieachsen, die Mittelsenkrechten der Seiten (Bild 3). Demzufolge ist es achsensymmetrisch, punktsymmetrisch am Schnittpunk M der Diagonalen und drehsymmetrisch für $\alpha = 180°$

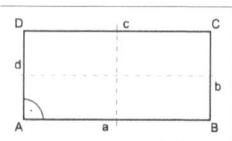

Quelle: Nitschke

Für jedes Rechteck gilt:

> Die gegenüberliegenden Seiten sind gleich lang und zueinander parallel.
> Benachbarte Seiten sind rechtwinklig zueinander.
> Alle vier Innenwinkel sind gleich groß. Sie betragen jeweils 90°(zusammen: 360°).
> Die Diagonalen sind gleich lang und halbieren einander.

Beim Rechteck handelt es sich um einen Spezialfall des Parallelogramms (*gleichwinkeliges Parallelogramm*) und damit auch des Trapezes. Ein Sonderfall des Rechtecks ist das Quadrat, bei dem alle Seiten gleich lang sind (*gleichseitiges Rechteck*). [5]

Die Formel für die Berechnung des Rechteckes leitet sich aus dem Auslegen mit Einheitsquadraten ab. Dabei wird die Anzahl der Einheitsquadrate einer Reihe mit der Anzahl der Reihen eines Rechtecks multipliziert. Der Flächeninhalt A eines Rechtecks ist das Produkt seiner Seitenlängen: A= a · b.

4 Didaktische Überlegungen und Entscheidungen

Der Stunde liegt die Leitidee zu Grunde, dass die SuS verschiedene Flächen erkunden, indem sie sie auf ihre Größe hin vergleichen. Dabei geht es um die Entwicklung und Anwendung von verschiedenen Strategien des Flächeninhaltsvergleiches in Kleingruppen. Zum Vergleich der Flächen werden die SuS durch einen alltagsnahem Kontext motiviert, innerhalb dessen sie fünf verschiedene Zimmer nach einer festgelegten Regel auf fünf Kinder verteilen sollen. Durch diesen Kontext wird die Zugänglichkeit sowie die Gegenwartbedeutung nach Klafki (2007)

[2] vgl. Müller- Phillip, S. & Gorski, H.J.(2001): Leitfaden der Geometrie. Vieweg Verlag. S.51-52.

[3] Nitschke, M. (2014): Mathematik – Geometrie. Studienhilfen. Carl Hamser Verlag. S.24–26.

[4] vgl. Müller- Phillip, S. & Gorski, H.J. (2001): Leitfaden der Geometrie. Vieweg Verlag. S.51-52.

[5] Nitschke, M. (2014): Mathematik – Geometrie. Studienhilfen. Carl Hamser Verlag. S.24 – 26.

gewährleistet. Darüber hinaus lässt sich die Stunde in das Modell der Grunderfahrungen im Mathematikunterricht nach Winter (1996) einordnen. Durch die Entwicklung von eigenen Lösungsstrategien ist die Stunde der Grunderfahrung „Mathematik als Anwendung" zuzuordnen. Außerdem ist durch den Kontext und die Auseinandersetzung mit Flächeninhalten in einem Alltagskontext die Grunderfahrung „Mathematik als Handlungsfeld" erkennbar. Weiter kann durch das Auseinandersetzen mit dem Kontext weitreichende Kompetenzen erlangt werden, die für SuS nachhaltige Grundlagen (Zukunftsbedeutung nach Klafki) bilden. Zum einen können die gemachten Erfahrungen zeitnah im Wechsel vom Kinderzimmer in ein Jugendzimmer Anklang finden. So ist es als Lehrkraft möglich, aktiv die SuS in der Entwicklung von Vorstellungen zu Flächen und Flächeninhalten zu begleiten und das Zusammenspiel von Flächeninhalt und Umfang zu vermitteln (Exemplarische Bedeutung). So ist bei der Planung der Stunde auf die schrittweise Herangehensweise an das Themenfeld zu achten, sodass nach der grundlegenden Auseinandersetzung mit den Grundvorstellungen zu Flächen erst die Einführung von Maßzahlen erfolgen kann (Thematische Strukturierung). Der Unterricht ermöglicht den SuS zudem Grunderfahrungen (vgl. Winter) zu sammeln. Zum einen sollen sie die Größe der Flächen mit einander vergleichen (G3 – Mathematik als Anwendung) und zum anderen müssen sie dazu Herangehensweisen entwickeln und Hilfsmittel einsetzen (G1 – Mathematik als Handlungsfeld). Dies geschieht über eine kooperative Arbeitsmethode, in der die SuS in einer ersten Phase in Gruppen diskutieren, wie die Flächen miteinander verglichen werden können. Die SuS übernehmen jeweils die Erkundung einer Fläche. Da sich alle Gruppen mit der gleichen Problemstellung befassen, kommen in einer folgenden Phase, diejenigen SuS zusammen, die sich mit der gleichen Fläche beschäftigen zusammen und diskutieren und argumentieren (zu erreichende Kompetenzen) über den Lerngegenstand. Hierbei stehen die Grundvorstellungen der Mathematik nach von Hofe (1995)[6] in Bezug auf den Flächeninhalt (GV 1) Maßzahl-Aspekt, (GV 2) Vereinigungs-Aspekt und (GV 4) Ergänzungs-und Zerlegungs-Aspekt im Vordergrund. Die detaillierte Erkundung in der zweiten Gruppenarbeitsphase von Flächeninhalten ist für die Ausbildung der Grundvorstellung unbedingt notwendig und dient später dazu, die jeweilige Bedeutung von Umfang und Flächeninhalt einer Fläche unterscheiden zu können (vgl. Fricke 1983). Diese qualitative Auseinandersetzung mit Flächen sollte nach Fricke (1983) vor dem Vergleichen mit konkreten Maßzahlen geschehen.

Die Leitfrage „Wer bekommt welches Zimmer" und die zu Grunde liegende Problemstellung motiviert die SuS zur Auseinandersetzung mit den Flächeninhalten. Ein kognitiver Konflikt wird dadurch ausgelöst, dass die SuS in einer ersten Phase Vermutungen über die unterschiedlichen Größen der Flächen äußern und eine Rangliste erstellen. Nach einer detaillierten Auseinandersetzung mit den Flächeninhalten in einer zweiten Phase stellen die SuS fest, dass die Flächen gleich groß sind. Dies bietet einen Gesprächsanlass, über Flächeninhalte genauer zu sprechen. Sollten die SuS nach dem Vergleich der Flächen immer noch von verschieden großen Flächen ausgehen, ist davon auszugehen, dass SuS nicht zwischen Umfang und Flächeninhalt unterscheiden können. Die verwendeten Hilfsmittel kann sowohl als Material (Schere, Kleber, Gitternetzschablone, Auslegeplättchen (1cm^2), Lineal und Geodreieck) zur Bestimmung der Flächen, als auch für die Differenzierung dienen. Im klärenden Austausch ist es zur Erzeugung der korrekten Vorstellungen auf die korrekte Formulierung der Beiträge zu achten.

---

[6] In Roth, J. & Ames, J. (Hrsg.), (2014): Beiträge zum Mathematikunterricht. WTM-Verlag. Münster. S. 1328.

Kompetenzbereich	Allgemein mathematische Kompetenzen (KMK)[7] Die SuS...	Standard laut Bildungsplan[8] Die SuS...	Kompetenzen auf die konkrete Stunde bezogen	Differenzierte Kompetenzniveaus
Inhaltsbezogen	**L3 Leitidee Raum und Form** ...operieren gedanklich mit Flächen (S.11)	**Geometrie** ...messen den Flächeninhalt von Quadrat und Rechteck (S.17)	S vergleichen den Flächeninhalt von verschiedenen zusammengesetzten Flächen, indem sie die Flächen zerlegen oder auslegen	S vergleichen den Flächeninhalt von Rechtecken, indem sie die Flächen mit Hilfsmitteln zerlegen oder auslegen
Prozessbezogen	**K2: Probleme mathematisch lösen** ...wählen geeignete heuristische Strategien zum Problemlösen aus und wenden sie an (S.8)	**Problemlösen** ...wenden Lösungsstrategien an (S.14)	S entwickeln eigene Strategien, um zusammengesetzte Flächen zu vergleichen	S entwickeln mithilfe von gegebenen Materialien Strategien, um Rechtecke zu vergleichen
	K3 Mathematisch modellieren ...interpretieren und prüfen Ergebnisse in einem entsprechenden Bereich (S.8)	**Modellieren:** ...überprüfen die im mathematischen Modell gewonnenen Lösungen an der Realsituation (S.15)	S vergleichen ihre Vermutungen über die Reihenfolge der Zimmergröße mit den mathematischen Lösungen	
	K6 Kommunizieren: ...dokumentieren ihre Überlegungen dokumentieren und stellen sie verständlich dar (S.9)	**Argumentieren und Kommunizieren:** ...arbeiten bei der Lösung von Problemen im Team mit anderen (S.14)	S erarbeiten in Kleingruppen gemeinsam Lösungsstrategien und tauschen sich über Lösungswege aus	

Soziale Kompetenzen: Die SuS arbeiten zielführend unter Beachtung der Rollenkarten und Gruppenarbeitsregeln in ihrer jeweiligen Gruppenarbeitsphase.

Personale Kompetenzen: Die SuS übernehmen Verantwortung für ihren Lernprozess, indem sie den an sie gestellten Arbeitsauftrag in Form einer Rollenkarte wahrnehmen.

6 Methodische Entscheidungen

Zu Beginn der Stunde stellen sich alle SuS hinter ihre Tische. Es folgt eine gemeinsame Begrüßung und die Vorstellung der Gäste sowie des Anlasses. Im Anschluss wird der Stundenverlauf von einem Schüler vorgestellt. Dies ist ein festes Ritual im Mathematikunterricht, welches den SuS den Unterrichtsverlauf transparent darstellen soll. Danach folgt der thematische **Einstieg** in die Unterrichtsstunde durch eine vom Lehrer vorgelesene Kurzgeschichte, die mit der Leitfrage der Stunde endet: Wer erhält welches Zimmer? Die Frage soll einen Dialog

---

[7] Sekretariat der Ständigen Konferenz der Kultusminister der Länder in der Bundesrepublik Deutschland (2003): Bildungsstandards im Fach Mathematik für den Mittleren Schulabschluss. Wolters Kluwer. München

[8] Die Senatorin für Bildung und Wissenschaft (2010): Mathematik. Bildungsplan für die Oberschule. Freie Hansestadt Bremen

einleiten und einen Bezug zum Alltag herstellen und die Lernenden motivieren. Unterstützt wird der Dialog mit einer an die Tafel projizierten Grafik.

Die Erarbeitungsphasen der Unterrichtsstunden sind nach der Methode des Gruppenpuzzles strukturiert. Die Methode eignet sich vor allem in Unterrichtsphasen des Erkundens und entspricht gleichzeitig den Kriterien der Selbsttätigkeit zur Handlungsorientierung und bietet eine altersangemessene Lernform. Kooperative Arbeitsformen (hier in unterschiedlichen Gruppenzusammensetzungen) sind allgemein für praktisch orientierte Stunden unerlässlich. So wird auf diese Weise in der inhaltlichen Auseinandersetzung in Arbeitsgruppen die Methoden- und Sozialkompetenz nachhaltig gefördert.

In der **ersten Erarbeitungsphase** wird zunächst der Ablauf der Arbeitsphase mit den SuS erläutert, damit sie über diesen informiert sind. Die SuS sitzen bereits in ihren für die erste Arbeitsphase erforderlichen Stammgruppen. Diese sind zufällig - bedingt durch die üblich vorherrschende Sitzordnung - gewählt. Auf eine Differenzierung muss nicht Rücksicht genommen werden, da die erste Phase nur einem Austausch und dem Aufstellen einer Vermutung dient. Für die anschließende **zweite Erarbeitungsphase** wurden die Gruppen vorab in leistungsheterogene Vierer- bis Fünfer– Arbeitsgruppen eingeteilt, so dass in jeder Arbeitsgruppe ein bis zwei leistungsstarke SoS die leistungsschwächeren SuS zusammenarbeiten können. Da es in der Phase sehr um das kooperative Zusammenarbeiten geht, stärkt diese Arbeitsform das soziale Gefüge der Klassengemeinschaft. Brüning & Saum (2009 / 2015) gehen in ihren Ausführungen speziell auf kooperative Arbeitsformen zur nachhaltigen Stärkung der Klassengemeinschaft durch das Zusammenarbeiten heterogener Arbeitsgruppen ein. Die in Gruppenarbeiten implementierten Rollenkarten sollen zudem eine weitere Maßnahme bieten, SuS mit weiteren Aufgaben vertraut zu machen. In diesem Fall kommen die Rollenkarten: Gruppenchef, Gruppensprecher und Zeitwächter zum Einsatz. Diese Methode soll dem häufigen Auftreten entgegenwirken, dass leistungsstarke SuS die Rolle des Gruppenchefs einnehmen und die Arbeiten den anderen SuS zuweisen, oder die leistungsstarken SuS den Arbeitsauftrag allein bearbeiten. Mit dieser Maßnahme wird auch verfolgt, dass die SuS ein Verantwortungsbewusstsein für ihren Lern – und Arbeitsprozess mittragen und Handlungskompetenzen entwickeln. Weiter lassen sich durch die bewusste Vergabe durch den Lehrer die Kompetenzenanbahnung steuern, oder die SuS erhalten die Möglichkeit in Gruppenarbeitsphasen die Rollen rotierend einzunehmen. In Anbetracht der Gruppengröße bei dieser Gruppenarbeit lassen sich so die Handlungsmöglichkeiten aufgabenabhängig steuern. Die Vorgehensweise bietet nicht nur die Möglichkeit, auf einem hohen kooperativen notwendigen Niveau zu agieren, sondern bietet die Möglichkeit den Lernprozess konzentrierter und effektiver zu gestallten. Bedingt durch die unterschiedlich gestaltenden Flächen, gibt es als didaktische Reserve, die Möglichkeit weitere Flächen zu bestimmen, oder Flächen mit einer anderen Strategie zu bestimmen.

6 Tabellarischer Stundenverlauf

Phase	Interaktion der Lehrkraft Der Lehrer...	Interaktion der SuS Die SuS...	Sozial-form	Medien/ Materialien	Methodischer/Didaktischer Kommentar
Begrüßung	-begrüßt die SuS und die Gäste -bittet einen SoS den Stundenverlauf vorzulesen	-stehen zur Begrüßung hinter den Tischen -stellen bei Bedarf Fragen zum Stunden-verlauf	LV	Tafel-magnete	-Ritual -Struktur und Transparenz
Einstieg	-erzählt den SuS eine Kurzgeschichte und leitet einen Dialog ein -zeigt den SuS einen Grundriss -notiert die Leitfrage an die Tafel	-hören zu und beteiligen sich am Dialog. -betrachten sich die Grafik	LV UG		- motivierender Einstieg mit persönlichem Bezug -Leitfrage zieht sich durch die gesamte Stunde
Erarbeitung-s-phase I	-leitet den ersten Teil der Arbeitsphase ein -lässt den Verteildienst die Arbeitsmaterialien austeilen. -sammelt Vermutungen und Strategien der SuS ein	- stellen Vermutungen über die Zuteilung der Zimmer an und entwickeln Strategien zur Bestimmung der Zimmergrößen - schreiben ihre Vermutungen und Strategien auf eine Karte	LV GA	Grundriss Flächen-kärtchen	Gruppenpuzzle (erste Stammgruppenphase)
Zwischen-sicherung	-bittet eine Gruppe ihre Vermutung mit Begründung vorzustellen	-stellen der Lerngruppe ihre Vermutung vor und begründen diese	UG	Kärtchen für Ver-mutungen	Hypothesen führen zur späteren kognitiven Dissonanz
Erarbeitungs-phase II	- leitet die zweite Gruppenarbeitsphase ein und gibt Hinweise zum Vorgehen - stellt die Hilfsmaterialien vor - wertet während der Erarbeitungsphase die Vermutungskärtchen aus und gibt wenn nötig Hilfestellung	- tauschen sich in Kleingruppen über Strategien zur Größenbestimmung aus -bestimmen mit den Hilfsmitteln die Größe der jeweiligen Fläche	GA	Hilfs-materialien	Gruppenpuzzle (Expertengruppenphase)
Erarbeitungs-phase III	-beendet die Expertengruppenphase und bittet die SuS auf, sich wieder in den Stammgruppen zusammenzufinden -teilt die Karten mit den Mutmaßungen aus und bittet die SuS diese mit den gemachten Ergebnissen zu vergleichen	-tauschen sich über die Strategien und gemachten Ergebnisse aus - stellen fest, dass alle Zimmer gleich groß sind	GA	Kärtchen für Ver-mutungen	Gruppenpuzzle (Stammgruppenphase) Kognitive Dissonanz

Phase			UG	Grundriss	
Sicherungs-Phase	-leitet in die Sicherungsphase über - Mögliche Impulse: „Was habt ihr festgestellt", „Wer bekommt welches Zimmer" „Wie kommt es, dass die Flächen unterschiedlich auf uns wirken" - gibt Ausblick auf die nächste Stunde: Verbindung zwischen Umfang und Flächeninhalt	-S erläutern den Unterschied zwischen tatsächlicher Größe der Fläche und Größe der Fläche in Bezug auf die Nutzungsmöglichkeiten	UG	Grundriss	Auflösung der kognitiven Dissonanz Überleitung zur nächsten Mathestunde

Verwendete Abkürzungen: LV - Lehrervortrag, UG – Unterrichtsgespräch, GA - Gruppenarbeitsphase, AB - Arbeitsblatt

7 Literatur

📖 **Die Senatorin für Bildung und Wissenschaft (2010):** Mathematik. Bildungsplan für die Oberschule. Freie Hansestadt Bremen

📖 **Landesinstitut für Schule (Hrsg.) (2012):** Handreichung für Referendarinnen und Referendare 4. Unterricht planen / Unterrichtsentwürfe erstellen

📖 **Gorski, H.-J. / Müller-Phillip, S. (2001):** Leitfaden der Geometrie - Für Studierende der Lehrämter. Vieweg Verlag. Wiesbaden.

📖 **Nitschke, M. (2014):** Mathematik – Geometrie. Studienhilfe. Carl Hamser Verlag. München. S. 24-26.

📖 **In Roth, J. & Ames, J. (Hrsg.), (2014):** Beiträge zum Mathematikunterricht. WTM-Verlag. Münster. S. 1328

📖 **Brüning, L. / Saum, T. (2015):** Erfolgreich unterrichten durch Kooperatives Lernen – Strategien zur Schüleraktivierung. Band 1. (10. überarbeitete Auflage). Neue Deutsche Schule Vertragsgesellschaft mbH. Essen.

📖 **Brüning, L. / Saum, T. (2009):** Erfolgreich unterrichten durch Kooperatives Lernen – Neue Strategien zur Schüleraktivierung. Band 2. Neue Deutsche Schule Vertragsgesellschaft mbH. Essen.

📖 **Winter, H. (1996):** Mathematikunterricht und Allgemeinbildung. In: Mitteilungen der Gesellschaft für Didaktik der Mathematik Nr. 61. S. 37-46.

📖 **Klafki, W. (2007):** Neue Studien zur Bildungstheorie und Didaktik. Zeitgemäße Allgemeinbildung und kritisch-konstruktive Didaktik. (6. Auflage). Beltz-Verlag. Weinheim und Basel.

📖 **Sekretariat der Ständigen Konferenz der Kultusminister der Länder in der Bundesrepublik Deutschland (2003):** Bildungsstandards im Fach Mathematik für den Mittleren Schulabschluss. Wolters Kluwer. München.

📖 **Weigand, H.-G et al. (2009):** Didaktik der Geometrie für die Sekundarstufe I. Mathematik Primar- und Sekundarstufe. Spektrum Akademischer Verlag. Heidelberg.

8 Anhang

Die Familie Frohmut hat ein neues Haus gebaut. Sie haben für ihre fünf Kinder jeweils ein Kinderzimmer eingeplant. Die Eltern entscheiden, dass Hannes (16 Jahre), der älteste Sohn, das größte Zimmer bekommen soll. Lucy (14 Jahre), die zweitälteste Tochter, das zweitgrößte Zimmer. Jens (12 Jahre) und Anton (10 Jahre) jeweils die nächstgrößeren Zimmer und Polly (5 Jahre), die jüngste das kleinste Zimmer. Frage: Wer bekommt welches Zimmer?

8.2 Grundriss der Flächen

Karte für die Vermutungen

Welches ist das größte Zimmer?

Trage die Farbe der Fläche ein!

1. _____ Zimmer

2. _____ Zimmer

3. _____ Zimmer

4. _____ Zimmer

5. _____ Zimmer

Gruppenchef

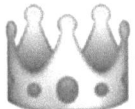

Deine Aufgaben:

> ➢ Du organisierst deine Gruppearbeit.
> ➢ Trägst dafür Sorge, dass sich alle
>   Mitglieder konzentriert an der
>   Gruppenarbeit beteiligen.

Zeitwächter

Deine Aufgaben:

> ➢ Du achtest auf die Zeit während der
>   Gruppenarbeit.
> ➢ Du arbeitest trotz deiner zusätzlichen
>   Aufgabe bei der Gruppenarbeit mit.

Gruppensprecher

Deine Aufgaben:

> ➢ Du trägst die Ergebnisse der
>   Gruppenarbeit vor der Klasse vor.
> ➢ Du arbeitest trotz deiner zusätzlichen
>   Aufgabe bei der Gruppenarbeit mit.

8.5 Sitzplan

Pult

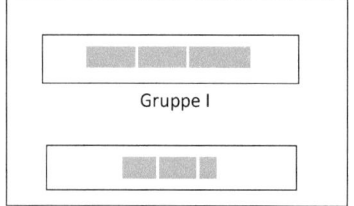

Gruppe I

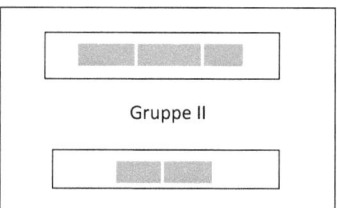

Gruppe II

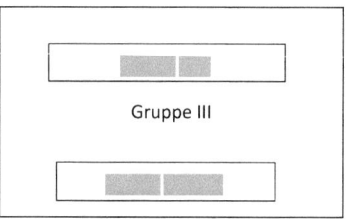

Gruppe III

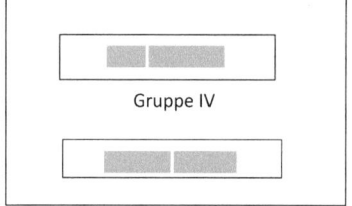

Gruppe IV

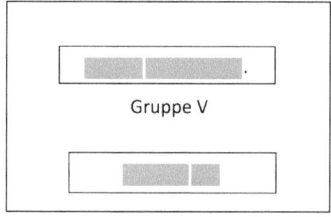

Gruppe V

1. Gruppenphase

Aufgaben:

		✕	☑
Vermerkt in den hinteren beiden Spalten, ob die Aufgabe erledigt ist, oder nicht.			
a) Nehmt die Materialien aus dem Gruppenumschlag.			
b) Teilt die beschrifteten Flächenkärtchen den jeweiligen GruppenteilnehmerInnen zu.			
c) Diskutiert (ohne Hilfsmittel zu benutzen) in der Gruppe zu der Frage: Welches ist das größte Zimmer?			
d) Überlegt euch für eure Entscheidung eine passende Begründung.			
e) Schreibt eure Vermutung auf das Vermutungskärtchen.			
f) Stellt eure Entscheidung gegebenenfalls der Klasse vor.			

2. Gruppenphase

Aufgabe:

In dieser Gruppenphase ist es eure Aufgabe, zu bestimmen, wer welches Zimmer bekommt.

Hinweis:

- Verwendet, wenn möglich mehrere Strategien.
- Ihr dürft eigene Hilfsmittel, aber auch die vom Pult benutzen.

Zur Erinnerung könnt ihr die Kurzgeschichte noch einmal nachlesen:

Die Familie Frohmut hat ein neues Haus gebaut. Sie haben für ihre fünf Kinder jeweils ein Kinderzimmer eingeplant. Die Eltern entscheiden, dass Hannes (16 Jahre), der älteste Sohn, das größte Zimmer bekommen soll. Lucy (14 Jahre), die zweitälteste Tochter, das zweitgrößte Zimmer. Jens (12 Jahre) und Anton (10 Jahre) jeweils die nächstgrößeren Zimmer und Polly (5 Jahre), die jüngste das kleinste Zimmer.
Frage: Wer bekommt welches Zimmer?

---

3. Gruppenphase

In dieser Gruppenphase ist es eure Aufgabe, eure Ergebnisse zu besprechen.

Aufgaben:

1. Tragt eure Ergebnisse zusammen und vergleicht diese mit der anfangsgemachten Vermutung.
2. Beschreibt die angewendeten Strategien:

_____

_____

_____

_____

_____

3. Bereitet einen kleinen Vortrag vor, in dem ihr eure Ergebnisse vorstellt.

Merksatz:

_____

_____

_____

_____

BEI GRIN MACHT SICH IHR WISSEN BEZAHLT

- Wir veröffentlichen Ihre Hausarbeit, Bachelor- und Masterarbeit

- Ihr eigenes eBook und Buch - weltweit in allen wichtigen Shops

- Verdienen Sie an jedem Verkauf

Jetzt bei www.GRIN.com hochladen und kostenlos publizieren